FORSCHUNGSBERICHTE DES LANDES NORDRHEIN-WESTFALEN
Nr. 2387

Herausgegeben im Auftrage des Ministerpräsidenten Heinz Kühn
vom Minister für Wissenschaft und Forschung Johannes Rau

Prof. Dr.-Ing. Helmut Winterhager
Dipl.-Ing. Michael Lucke

Institut für Metallhüttenwesen und Elektrometallurgie
der Rhein.-Westf. Techn. Hochschule Aachen

Einsatz von Schleuderverfahren zur Abtrennung von Verunreinigungen aus Metallen und zur Verminderung des Metallgehaltes von Endschlacken

Westdeutscher Verlag Opladen 1973

ISBN 978-3-531-02387-8 ISBN 978-3-322-88353-7 (eBook)
DOI 10.1007/978-3-322-88353-7

© 1973 by Westdeutscher Verlag, Opladen

Gesamtherstellung: Westdeutscher Verlag

Inhaltsverzeichnis

Seite

1.	Einführung	1
2.	Konstruktive Gestaltung der Zentrifuge	3
2.1.	Die physikalischen Daten des Trennvorganges	3
2.2.	Gesichtspunkte für die Werkstoffauswahl	4
2.3.	Gesichtspunkte zur konstruktiven Gestaltung	6
2.4.	Beschreibung der Konstruktion	7
3.	Praktischer Teil	9
3.1.	Versuche mit wiederaufgeschmolzener Haldenschlacke	9
3.1.1.	Ergebnisse	12
3.1.1.1.	Ausschleudern von Bleigranulaten	12
3.1.1.2.	Ausschleudern von Kupfersteinteilchen	13
3.2.	Versuche mit Schlacken aus der laufenden Produktion	17
3.2.1.	Ergebnisse	18
3.3.	Diskussion der Ergebnisse	23
4.	Zusammenfassung	25

1. Einführung

Bei den reduzierenden schmelzmetallurgischen Hüttenprozessen können Metallverluste ganz allgemein durch Verstäubung, Verzettelung und Verdampfung auftreten sowie durch Metallinhalte, die in den Endschlacken der Metallgewinnungsverfahren noch verbleiben. Während erstere Verluste abhängig von der Arbeitsweise und den betrieblichen Einrichtungen teilweise wieder zurückzugewinnen sind, stellen die Metallgehalte der Endschlacken, sofern sie nicht aufbereitet oder nachbehandelt werden, endgültige Metallabgänge dar.

Über die Art der Metallverluste in den Schlacken wird im Schrifttum unterschieden zwischen:

1) Mechanischen Verlusten durch mangelhaftes Absetzen emulgierter Metallanteile
2) Physikalischen Verlusten durch Löslichkeiten der Metall-, Speise- und Steinphasen in den Schlackenschmelzen und
3) Chemischen Verlusten verschlackter, oxydischer Metallanteile

Während summarisch gesehen Metallinhalte bis zu 2 % Blei und 0,8 % Kupfer in den Bleischachtofenschlacken sowie Kupfergehalte bis zu 0,8 % in den Schlacken der Kupfergewinnungsverfahren als unvermeidbare Normalverluste gelten, gehen die Meinungen hinsichtlich der mengenmäßigen Verteilung auf die drei vorgenannten Verlustarten weit auseinander. So zeigen die Ergebnisse von Untersuchungen an Bleischachtofenschlacken der verschiedenen Autoren [1-14], daß abhängig von den Betriebsbedingungen die Gehalte an verschlacktem PbO, gelöstem und emulgiertem PbS und Pb in weiten Grenzen variieren können. Die in Tab. 1 dargestellten Gehalte der einzelnen Bleibindungsformen stellen die im Schrifttum vorgefundenen Extremwerte dar.

Tab.1 Bleibindungsformen in Bleischachtofenschlacken [in Gew.-%]

	Pb (Metall)	Pb (Oxid)	Pb (Sulfid)
Min.	7,2 [7]	8 [3]	1 [1]
Max.	86 [1]	79 [1]	74 [3]

Ähnlich differierende Angaben liegen über die mengenmäßige Verteilung auf die Verlustarten in den Schlacken der Kupfergewinnungsprozesse [15-21] vor. Umfassende Übersichten des betreffenden Schrifttums geben Winterhager, Kammel [1], J. C. Yannopoulos [22] sowie Lindenlaub und Lange [23].

Im Labormaßstab durchgeführte Untersuchungen mit Schleudervorrichtungen [1,3,9,24] haben die grundsätzliche Möglichkeit einer weitgehenden Abtrennung der mechanisch eingeschlossenen Metallinhalte gezeigt. Im Rahmen der vorliegenden Arbeit wurde im Gegensatz zu den erwähnten Schleudervorrichtungen, die lediglich das diskontinuierliche Zentrifugieren kleiner Probenmengen in Tiegeln gestatten, eine kontinuierlich arbeitende Zentrifuge im halbtechnischen Maßstab entwickelt und in Betrieb genommen, die einerseits eine weitgehende Abtrennung der mechanisch eingeschlossenen Metallanteile aus den Schlakken erlaubt, und zum anderen eine unter wirtschaftlichen

und technischen Aspekten genügende Anreicherung der
Metallmenge im separierten Metall-Schlacke-Gemisch
bewirkt.

2. Konstruktive Gestaltung der Zentrifuge

2.1. Die physikalischen Daten des Trennvorganges

Das Gelingen des Trennvorganges im Zentrifugalfeld
hängt neben den geometrischen Abmessungen der Rotationstrommel, ihrer Drehzahl und dem Durchsatz von den spezifischen physikalischen Kenndaten des heterogenen Gemisches wie Zähigkeit sowie Größe und Dichte der dispersen Teilchen ab.

Die in den Schlacken niedrigste zu erwartende Dichtedifferenz beträgt etwa 1 g/cm^3. Es ist die Differenz der Schlacken mit Werten bis zu 3,5 g/cm^3 und des Kupfersteines mit einer Dichte von rund 4,5 g/cm^3. Dies ist ein gemessen an technischen Verhältnissen hoher Unterschied.

Die Durchmesser der Metall- und Steintröpfchen werden im Schrifttum [1,8,9,10,31,26] mit 0,001 - 0,2 mm angegeben.

In jüngerer Zeit ist mehrfach versucht worden, die Viskosität von Schlacken der NE-Metallhütten bei verschiedenen Temperaturen in Abhängigkeit ihrer Zusammensetzung
- meist über Schlackenzähigkeitskennziffern, die das Verhältnis der Netzwerkwanler zu den Netzwerkbildnern angeben - darzustellen. Den verschiedenen Autoren [25,27,28] gelang es mit Hilfe ihrer Kennzahlen, die sich nicht grundsätzlich, sondern nur modifiziert unterscheiden, recht gut übereinstimmende Abhängigkeiten herzustellen.

Aufgrund der vorliegenden physikalischen Daten für den
Trennvorgang sind in Verbindung mit den Festigkeitsproblemen, die durch die hohen Betriebstemperaturen gegeben sind, Viskositäten bis zu 3,5 Poise noch akzeptabel.
Verschiedene Untersuchungen [9,25,26] haben gezeigt, daß
diese genügend niedrigen Viskositäten der Schlacken je
nach Betriebsbedingungen bis zu Temperaturen von 1050 °C
anzutreffen sind. Als Beispiel für den qualitativen Anstieg der Zähigkeiten bei abnehmenden Temperaturen
diene Abb.1.

2.2. Gesichtspunkte für die Werkstoffauswahl

Ein Grund dafür, daß im Schrifttum neben den erwähnten
diskontinuierlich arbeitenden Kleinstschleudervorrichtungen noch keine Angaben über Untersuchungen mit Zentrifugen vorliegen, dürfte in der Tatsache begründet
sein, daß erst seit relativ kurzer Zeit Metallegierungen vornehmlich auf Kobalt- und Nickelbasis bekannt
geworden sind, die auch im Bereich über 1000 °C neben
guten Festigkeiten ein hohes Maß an Korrosions- und
Oxydationsbeständigkeit besitzen.

Die Frage nach dem optimalen Werkstoff ist aufgrund der
teilweise noch wenig umfangreichen Untersuchungen recht
schwierig zu beantworten. Die Superlegierungen auf
Nickelbasis unterliegen im Gegensatz zu denen auf Kobaltbasis im gesamten Temperaturbereich ihrer Anwendung
keiner Transformation ihres Kristallgitters, was in
einem weiten Spektrum der Einsatzmöglichkeiten deutliche Vorteile beinhaltet. Trotz dieser Vorteile wurde
das besondere Augenmerk auf geeignete Kobaltlegierungen
wie UMCo-50 gerichtet, da diese den kaum geringeren

Vorzug aufweisen, schon seit ungefähr einem Jahrzehnt Eingang in die betriebliche Praxis gefunden und sich u. a. bei mit dem Schleudern vergleichbaren betrieblichen Bedingungen wie hohe mechanische Belastung unter direkter Berührung mit 1350 °C heißer flüssiger Schlacke sehr gut bewährt zu haben [29]. Aus Untersuchungen von Kammel [30] werden die hervorragende Beständigkeit gegen Thermoschock, gutes Oxydationsverhalten bis 1200 °C und die Korrosionsbeständigkeit dieser hochhitzebeständigen Legierung gegen flüssige Schlakken der Blei- und Kupfergewinnungsprozesse ersichtlich.

Vorversuche mit einer aus UMCo-50-Blechen provisorisch zusammengeschweißten Zentrifuge, die Aufschluß geben sollten über die Strömungsmechanik in der drehenden Trommel und über die Verwendbarkeit der genannten Bleche, bestätigten die in diese Legierung gesetzten Erwartungen sowohl hinsichtlich der Hochwarmfestigkeit als auch in bezug auf die chemische Resistenz des Materials gegenüber der angreifenden Schlacke. Deshalb wurden bei der Herstellung der zweiten, verbesserten Ausführung der Zentrifuge für die Teile, die im Betrieb sehr heiß werden und/oder in direkten Kontakt mit der flüssigen Schlacke geraten, als Werkstoff die Kobaltlegierung UMCo-50 gewählt mit der Zusammensetzung (in Gew.-%):

C	0,05 - 0,12		Mn	0,5 - 1
Cr	27 - 29		S	< 0,02
Co	48 - 52		P	< 0,02
Si	0,5 - 1		Fe	Rest

2.3. Gesichtspunkte zur konstruktiven Gestaltung

Vor Beginn der konstruktiven Gestaltung standen grundsätzliche Überlegungen wie die des zu wählenden Zentrifugentyps, der Erreichung der notwendigen Betriebstemperaturen und anderer technischer Details.

Für die Trennung von flüssig-flüssig-Phasen bieten sich vor allem Sedimentationszentrifugen an. Die zu erwartenden Betriebsbedingungen in den Hütten und die erforderliche Hochwarmfestigkeit des Materials setzen eine derbe, technisch möglichst einfache Konstruktion voraus. Einbauten wie z. B. in Milchzentrifugen anzutreffende Tellerpakete sind wegen der hohen mechanischen und chemischen Beanspruchung nicht wünschenswert, aber auch nicht nötig, da der relativ hohe Dichteunterschied der zu trennenden Phasen nicht zu derlei komplizierten, die Abtrennung fördernden Einbauten zwingt. Zweckmäßig für die Form der zu wählenden Rotationstrommel erscheinen ganz einfache Drehkörper nach Art der Überlaufzentrifugen.

Die Überlegung, daß die heiße Schlacke nach Aufheizung der Trommel im Durchlauf genügend Wärme abgibt, um die Zentrifuge auf der erforderlichen Betriebstemperatur zu halten, führte dazu, von einer stationär eingebauten Heizung abzusehen.

Aufzuheizen ist die Rotationstrommel, die von der Schlacke durchflossen wird und in der die Separation stattfindet. Aus diesem Grunde wurde der Rotationsteil aus zwei Teilen, dem Schleudereinsatz und der tragenden Konstruktion, gefertigt. Der Schleudereinsatz wird separat im Ofen (Gaswind-, Glühofen) aufgeheizt und dann unmittelbar vor Versuchsbeginn in die tragende Konstruktion eingesetzt.

Um einen möglichst raschen und reibungslosen Ein- und Ausbau des Einsatzstückes zu ermöglichen, und um

technische Schwierigkeiten bei der Wasserkühlung der
wärmeempfindlichen Maschinenelemente wie Welle, Lager,
Sicherungsringe, Radialdichtungen usw. zu umgehen, wurde der Rotationsteil fliegend gelagert.

2.4. Beschreibung der Konstruktion

Die Drehtrommel (siehe Abb.2 und 3) besteht aus zwei
Teilen, dem Schleudereinsatz (Pos.1) und einem tragenden Gußkörper (Pos.2). In den Gußkörper ist ein weiteres Zylinderstück (Pos.3) eingeschweißt, das, mit
drei Rippen - im Abstand von je 120 $^\circ$ also - gegen den
Gußkörper abgestützt, als Führung und zur Erhöhung der
Festigkeit für den Einsatzkörper dient. Zwischen Zylinderstück und Gußkörper ist zur Wärmedämmung Kaolinwolle
(Pos.4) eingebracht. Der Deckel (Pos.5), mit drei Führungsstiften versehen, ist durch eine Art Bajonettverschluß (Pos.6) mit dem Gußkörper verbunden. Alle genannten Teile bestehen aus UMCo-50. Die verwendeten
Bleche sind 3 mm stark.

Der Einsatzkörper (Pos.1) wird nach dem Aufheizen in den
tragenden Teil eingesetzt. Auf die Außenwand des Körpers
sind drei Schweißnähte aufgebracht, die, konisch abgeschliffen, den festen Sitz zwischen Einsatzteil und Tragteil garantieren. Gegen Verdrehen ist das Einsatzstück
durch seine Ableitbleche, die für die Trennung unerläßlich sind, gesichert.

Der Innenraum des Schleudereinsatzes besteht aus zwei
Teilen. Im waagerechten Zylinderstück wird die aufgegebene Schlacke gleichmäßig verteilt, beschleunigt und
nach außen geschleudert. Im senkrechten Kanal findet
das Absetzen statt. Der Boden besitzt auf dem äußeren
Radius Bohrungen für den Austritt des Metall-Schlacke-Gemisches und am Innenrand drei Schlitze für den Aus-

tritt der entmetallisierten Schlacke.

Die gewählte Form des Rotationsteiles läßt den Schwerpunkt in bezug auf die Welle sehr tief liegen, was sich für die Stabilität besonders bei eventuell auftretenden Unwuchten günstig auswirkt.

Das Lagergehäuse bildet mit zwei Radialdichtringen einen Hohlraum, in dem die Welle rotiert, und der mit Wasser gefüllt wird. Durch eine Querbohrung drückt sich das Wasser in die Längsbohrung der Welle, von wo es im Gegenstrom die Welle durchfließt. Das Wasser kühlt hierbei alle schon oben erwähnten Maschinenelemente, den Antriebsriemen sowie die Schraubverbindung, die den Kraftschluß zwischen Welle und Schleuderteil bildet.

Die Ableitbleche des Schleudereinsatzes überdecken sich mit einem Kegelstumpf (Pos.7). Während das aus den Bohrungen austretende Metall-Schlacke-Gemisch gegen den Schutzmantel (Pos.8) geschleudert wird, tritt die gereinigte Schlacke unterhalb der Ableitbleche aus und wird von dem Kegelstumpf aufgefangen. Durch Bohrungen und Schlitze in der Bodenplatte (Pos.9) laufen die separierten Flüssigkeitsströme ab.

3. Praktischer Teil

Es wurden Versuche mit etwa 10 Jahre alten granulierten, wiederaufgeschmolzenen Haldenschlacken sowie mit Schlakken aus der laufenden Produktion der Berzelius Metallhüttengesellschaft mbH, Bleihütte Binsfeldhammer durchgeführt. Die Versuche mit den wiederaufgeschmolzenen Haldenschlacken dienten zunächst einmal dazu, grundsätzlich die Funktionsfähigkeit der Zentrifuge zu überprüfen. Da die hierbei erzielten Abtrennungsergebnisse nicht so ohne weiteres auf das Zentrifugieren von Schlacken aus der laufenden Produktion übertragbar sind, wurden auch Versuche in der Bleihütte Binsfeldhammer mit Schlacken aus der laufenden Produktion durchgeführt.

3.1. Versuche mit wiederaufgeschmolzener Haldenschlacke

Die Versuchsvorbereitung der Zentrifuge ist in der Bildreihe 4 dargestellt. Der Antrieb erfolgt über einen Asynchronmotor mit einer Nenndrehzahl von 1410 U/min. Die gewünschte Drehzahl der Zentrifuge wird über Keilriemenscheiben mit entsprechenden Durchmessern eingestellt (Abb.4a). An die Unterseite der Bodenplatte wird über den Keilriementrieb ein Schutzkasten mit eingebautem Radialdichtring geschraubt. Das Kühlwasser läuft aus der Welle über den Dichtring durch ein am Schutzkasten befestigtes Rohr ab (Abb.4b). Das Wasser wird durch eine am Innenboden des Schutzkastens befindliche Rohrschlange zugeführt, wodurch der Keilriementrieb gekühlt wird. Über ein Knie wird das Wasser durch die Bodenplatte in das Lagergehäuse geleitet, von wo es in die Welle eintritt (Abb.4c). Um die Bodenplatte gegen den chemischen Angriff und die hohe Temperatur der

Schlacke zu schützen, wird sie vor jedem Versuch mit einer Lehmschicht ausgekleidet. Der Kegelstumpf, der die aus der Zentrifuge austretende gereinigte Schlacke auffängt, wurde wegen der damit verbundenen besseren Zugänglichkeit zweiteilig gefertigt (Abb.4c und d). Nach dem Festschrauben des Mantels auf der Bodenplatte und dem Aufsetzen der Schutzhaube für den Motor ist die Zentrifuge für den Versuch vorbereitet (Abb. 4e).

Nach dem Aufschmelzen der Schlacke wird der Einsatzkörper im Gaswindofen auf 1000 °C erhitzt und in den tragenden Gußkörper eingesetzt (Abb.4f und g). Danach wird der Zentrifugendeckel aufgesetzt, darüber der Einlauftrichter (Abb.4h). Für den Zusammenbau der Zentrifuge in den betriebsbereiten Zustand wurden durchschnittlich 20 s benötigt. Die separierten Flüssigkeitsströme laufen über Auslaufrinnen mit U-Profil in zwei getrennte Behälter ab (Abb.4h).

Zur Durchführung der Versuche wurden etwa 10 Jahre alte granulierte Haldenschlacken der Bleihütte Binsfeldhammer mit der Zusammensetzung (in Gew.-%)

Pb	Cu	Al_2O_3	MgO	ZnO	FeO	CaO	SiO_2	S
1,43	0,37	3,4	1,0	14,2	33,0	17,5	25,4	2,98

in einem Einphasenlichtbogenofen mit zwei Kohleelektroden von 135 mm ⌀ bei einer Leistungsaufnahme von 220 KW aufgeschmolzen, von wo sie über eine Ausgußschnauze (Abb.4h) in den Einlauftrichter der Zentrifuge gegossen wurden. Die Aufschmelzzeit betrug bei allen Versuchen drei Stunden. Aufgrund der unterschiedlichen Druckverhältnisse außerhalb des Schachtofens finden beim Wiederaufschmelzen vor allem in zinkreicheren Schlacken Umsetzungen nach der Gleichung

$$ZnO + 3\,FeO \longrightarrow Zn + Fe_3O_4$$

statt, die zur Entwicklung von Zinkdämpfen und zu erheblichen Konzentrationsänderungen führen können. So hatte sich die Zusammensetzung der Schlacke (Probennahme von aus dem Lichtbogenofen fließender Schlacke hinter der Ausgußschnauze) nach dem Aufschmelzen wie folgt verändert (Durchschnittsangabe in Gew.-%):

Pb	Cu	Al_2O_3	MgO	ZnO	FeO	CaO
0,42-0,35	0,41-0,31	4,2	1,5	6,5	35,5	19,0

	SiO_2	S
	28,4	1,87

Das Absetzen der mechanisch eingeschlossenen Metallanteile während des Aufschmelzens wird durch die vorgenannten Zinkdämpfe, die eine hebende Wirkung ausüben, und durch chemische Umsetzungen, wobei entweichende Gase flotierend wirken, behindert. Nach Lipin [9] ist die Bildung von SO_2-Blasen vor allem den an den Phasengrenzen Stein-Ferrit ablaufenden Umsetzungsvorgängen zuzuschreiben:

$$FeS + 3\,(FeO \cdot Fe_2O_3) \longrightarrow 10\,FeO + SO_2$$

$$Cu_2S + 2\,(FeO \cdot Fe_2O_3) \longrightarrow 2\,Cu + 6\,FeO + SO_2$$

Überschlägige Berechnungen ohne Berücksichtigung vorgenannter Behinderungen ergeben, daß sich während der Aufheizzeit Bleitröpfchen bis zu einem Halbmesser von 10 m auf dem Boden des Ofentiegels abzusetzen vermögen. Um eine genügende Menge abtrennbarer, emulgierter Metallanteile in der zufließenden Schlacke zu haben und damit einen Abtrennungserfolg in der Zentrifuge sichtbar machen zu können, wurden den Schlacken in der Ausgußschnauze Bleigranulate bzw. zerkleinerter Cu-Stein zugegeben. Da die Zusammensetzung und der Phasenaufbau von Kupferschlacken denen der Bleischlacken sehr ähnlich und die für die Separation wichtigen physikalischen Daten vergleichbar sind, sollte durch die Zugabe von Kupferstein überprüft werden, ob sich auch dieser mit der Zentrifuge ausschleudern läßt.

3.1.1. Ergebnisse

3.1.1.1. Ausschleudern von Bleigranulaten

Die durchschnittlich pro Versuch zentrifugierte Schlackenmenge betrug 80 kg. Dazu wurde etwa 2 % Bleigranulat bzw. 2 % Kupferstein aufgegeben. Die Versuchsdauer betrug im allgemeinen 2,5 min, so daß sich bezogen auf eine Stunde ein Durchsatz von 2 t/h ergibt. Die Schlackentemperatur im Tiegel vor Versuchsbeginn war 1200 $^\circ$C.

Die Größe der Bleigranulatteilchen in der Schlacke schwankte zwischen 1 mm und 20 μm (Abb. 5). Im Gegensatz zu den emulgierten Bleitröpfchen in den Schlacken aus der laufenden Produktion, die ausnahmslos einen völlig runden Habitus besaßen, hat das aufgeschmolzene Bleigranulat auch im flüssigen Zustand seine flächige Form beibehalten.

Da bei diesen ersten Versuchen das Interesse vornehmlich der Funktionsfähigkeit der Zentrifuge, ihrer Strömungsmechanik und den mengenmäßigen Anteilen der separierten Flüssigkeitsströme galt, wurde auf ein genaues Erfassen der Größenverteilung des Bleigranulates verzichtet, obwohl dies ein wesentliches Kriterium bei der Beurteilung der Schleuderergebnisse ist. Grob-qualitativ kann gesagt werden, daß die durchschnittliche Größe der Bleigranulatteilchen erheblich größer gewesen ist als die in den Schlacken aus der laufenden Produktion vorgefundenen emulgierten Metalltröpfchen.

Spalte 3 in Tab.2 bezeichnet den Bleigehalt der Schlacke nach dem Aufschmelzen. Der Gehalt in Spalte 4 ist die

Summe aus Spalte 3 und dem in der Ausgußschnauze zugegebenen Granulat. Spalte 5 gibt den Prozentsatz in der zentrifugierten Schlacke an.

Wegen der erheblichen durchschnittlichen Größe der Bleigranulatteilchen ist das zugegebene Blei schon bei einer Drehzahl von 400 U/min vollständig ausgeschleudert worden. Darüber hinaus wurde von dem nach dem Aufschmelzen in der Schlacke befindlichen Bleiinhalt (Tab.2, Spalte 3) ein geringer Teil, im Durchschnitt 0,03 %, abgetrennt.

Die Frage, ob es sich hierbei um metallische Anteile handelt, die sich wegen der oben genannten Behinderungen nicht auf dem Tiegelboden abgesetzt haben, oder um solche, die verschlackt vorliegend durch die Kohleelektroden reduziert wurden, läßt sich nicht beantworten.

3.1.1.2. Ausschleudern von Kupfersteinteilchen

Nach Rodjakin [8], Lange [31] sowie Johannsen und Wiese [26] enthalten die Haldenschlacken etwa 80 % Metall- und Steintröpfchen, deren Durchmesser zwischen 0,05 und 0,2 mm beträgt. Der zu schleudernden Schlacke wurde aus diesem Grund gemahlener und anschließend gesiebter Kupferstein mit Teilchendurchmessern zwischen 0,05 und 0,2 mm zugegeben. Die Proben, die zur Herstellung der Schliffbilder in Abb.6 verwendet wurden, wurden unmittelbar vor dem Einlauf in die Zentrifuge genommen. Es ist zu ersehen, daß der Kupferstein nicht koaguliert ist. Man kann also davon ausgehen, daß der abzutrennende Stein auch in der Schlacke während der Separation mit oben genannten Durchmessern vorliegt.

Trotz sorgfältigen Aussiebens wurden in einigen Schliffen Teilchen bis zu 20 μm Durchmesser gefunden. Als Beispiel diene Abb. 6b. Teilchen mit Durchmessern größer als 200 μm konnten dagegen nicht entdeckt werden.

Der Kupferstein wies folgende Zusammensetzung (in Gew.-%) auf:

Cu	Pb	Fe	S	Zn	Ni
46,05	2,86	21,64	24,65	1,58	0,3

Die durchschnittlich aufgegebene Kupfersteinmenge von 2 % entspricht einem Kupfergehalt von 0,92 % in der Schlacke. Wie in Tab. 2 gibt auch in Tab. 3 Spalte 4 die Summe des Kupfergehaltes der Schlacke nach dem Aufschmelzen und des zugegebenen Kupferprozentsatzes an. In Spalte 5 ist der Gehalt in der geschleuderten Schlacke aufgeführt.

Während bei einer Drehzahl von 700 und 1000 U/min das gesamte aufgegebene Kupfer abgetrennt werden konnte, blieb bei einer Drehzahl von 400 U/min ein Rest von 0,1 % in der zentrifugierten Schlacke zurück.

Neben der Menge der emulgierten Teilchen in der Schlacke und dem eigentlichen Abtrennungsvorgang in der rotierenden Trommel ist für eine genügende Metallanreicherung die Fläche der Austrittsbohrungen und damit die durch sie austretende Menge an separiertem Metall-Schlacke-Gemisch von Bedeutung. Grundsätzlich gilt: je kleiner die Fläche der Austrittsbohrungen, um so geringer die hindurchtretende Menge und um so größer die Metallanreicherung. Da die anfängliche Temperaturdifferenz zwischen Einsatzkörper und Schlacke bei Versuchsbeginn zu Ansatzbildungen in der Bohrung führt, sind jedoch je nach vorliegender Schlacke der Kleinheit der Austrittsbohrungen Grenzen gesetzt.

Unter Vernachlässigung von Relativ- bzw. Zirkulationsströmungen, Querbewegungen durch den Phasenaustausch, Reibung und Ansatzbildung, wobei sich allerdings nur die beiden letzteren Einflüsse wesentlich auswirken, kann man die ausfließende Menge mit der vereinfachten Bernoulli-Gleichung abschätzen:

$$\underbrace{\frac{z \cdot \rho \cdot g + P_1}{P_{ges.}}} = \rho/2 \cdot w^2$$

Der Flüssigkeitsdruck, der auf die Austrittsbohrungen wirkt, beträgt:

$$P_1 = \frac{\rho}{2} \cdot \frac{\pi^2 \cdot n^2}{900} \cdot (r_a^2 - r_i^2)$$

Dann ergibt sich mit der Kontinuitätsgleichung $Q = F \cdot w \cdot \rho$:

$$Q = \sqrt{2 \cdot \rho \cdot P_{ges.} \cdot F^2} \quad \left[\frac{kg}{s}\right]$$

mit P_1 = Flüssigkeitsdruck bei den verschiedenen Drehzahlen
 $z \cdot \rho \cdot g$ = Flüssigkeitsdruck durch die Erdschwere
 F = Fläche der Austrittsbohrung
 ρ = Dichte des Metall-Schlacke-Gemisches ($\sim 4,6$ g/cm^3)
 Q = Durchsatz durch die Austrittsbohrung
 n = Drehzahl der Trommel U/min
 r_a = Äußerer Halbmesser des Fluids
 r_i = Innerer Halbmesser des Fluids
 z = Höhe der Trommel

Die in Tab. 4 angegebenen Durchsätze beziehen sich auf eine Bohrung, wobei Q_r der nach Gl.(10) berechnete Durchsatz bedeutet und Q_{ex} der experimentell ermittelte. Die Differenz a in Abb. 7 gibt den Durchsatzverlust im Stillstand aufgrund von Reibung und anfänglicher Ansatzbildung an. Der mit der Drehzahl zunehmende Durchsatzverlust ist allein der sich erhöhenden Reibung zuzuschreiben, weil sie im Gegensatz zur Ansatzbildung geschwindigkeitsabhängig ist. Da nicht zu ermitteln ist, welcher Anteil von a der Ansatzbildung zuzurechnen ist, fehlt der durch sie reduzierte Bohrungsdurchmesser als Bezugsgröße, so daß der mit zunehmender Drehzahl wachsende Einfluß der Reibung wertmäßig nicht zu erfassen ist.

Von der anfänglichen Ansatzbildung abgesehen ist ein weiteres Zusetzen der Austrittsbohrung nicht zu erwarten, da nach dem Temperaturausgleich zwischen Einsatzkörper und Schlacke der Flüssigkeitsdruck ein weiteres Zuwachsen verhindert. So traten hier während der Untersuchungen auch keinerlei Schwierigkeiten auf.

Hinsichtlich der Anreicherung induzieren steigende Drehzahlen zwei gegenläufige Einflüsse. Dem zunehmenden Durchsatz auf der Metallseite steht eine vollständigere Metallabtrennung gegenüber. Nicht nur aus diesem Grunde sollte die Drehzahl so bemessen sein, daß gerade alle mechanisch eingeschlossenen Metallanteile abzutrennen sind.

Im stationären Zustand gibt das Verhältnis von separierter Bleimenge zur auf der Metallseite ausgeschleuderten Gesamtmenge die Metallanreicherung an. Da aber einerseits im Anlaufvorgang ein überproportionaler Schlackenanteil ausgeschleudert wird, und andererseits nach Beendigung des Versuches der sich während des Betriebes an der Wand der Rotationstrommel bildende Bleifilm nicht vollständig abfließt, differieren die nach obigem Verhältnis errechneten Anreicherungen von denen, die mit Hilfe chemischer Analysen ermittelt wurden. Wegen der kurzen Versuchsdauer wirkte sich die zweite Einflußgröße stärker aus, so daß die experimentell gefundenen Prozentsätze für die Anreicherungen geringer waren als die rechnerisch ermittelten. So ergab sich rechnerisch beim Ausschleudern des Bleigranulates bei 400 U/min bzw. des Cu-Steins bei 700 U/min eine Anreicherung von 50

bzw. 20 %, aufgrund der chemischen Analysen eine solche
von 32 bzw. 16 %.

3.2. Versuche mit Schlacken aus der laufenden Produktion

Schlacke aus dem Bleischachtofen wurde in einen mehrere
Tonnen fassenden Schlackenkübel abgestochen. Unmittelbar nach dem Füllen wurde der Kübel an einem Kran aufgehängt, mit dessen Hilfe die Schlacke ausgegossen werden
konnte. Zur gleichen Zeit wurde die Zentrifuge in den
betriebsbereiten Zustand versetzt. Während des Aufhängens bildete sich eine dünne Haut auf der Oberfläche
der Schlacke, in die ein Loch gestoßen wurde, durch das
ein kontinuierlicher, über die Zeit konstanter Schlackenstrom in die Zentrifuge floß. Die Versuchsdauer betrug
maximal 10 Minuten, weil sich das Loch mit der Zeit zusetzte, und es trotz massiven Einsatzes von Eisenstangen
nicht möglich war, über eine längere Zeit einen konstanten Schlackenstrom aufrecht zu erhalten.

In der kurzen Zeit zwischen Beendigung des Abstiches
und Versuchsbeginn (~ 5min) setzte sich im Kübel kaum
Blei ab, wie ein Analysenvergleich von erster aus dem
Kübel fließender Schlacke und der zur gleichen Zeit anfallenden, granulierten Schlacke der laufenden Produktion
ergab. Die Erklärung liegt, wie in der statistischen Auswertung noch gezeigt werden wird, in den sehr kleinen
durchschnittlichen Bleitröpfchenhalbmessern sowie in
dem relativ hohen Anteil an verschlackten Bleianteilen
begründet.

Die Temperatur der Schlacke betrug vor Versuchsbeginn
1080 °C. Eine Vergleichsmessung am Schlackenstich des
Schachtofens ergab eine Temperatur von 1120 °C, so daß
sich der Temperaturverlust im Kübel bis zum Versuchs-

beginn auf 40 °C belief. Der auf eine Stunde bezogene
Durchsatz war auch hier etwa 2 t/h, was einer Durchsatz-
menge von 335 kg bei 10 Minuten Versuchsdauer entspricht.
Die Schlacken besaßen eine durchschnittliche Zusammensetzung (in Gew.-%) von:

Pb	Cu	Al_2O_3	MgO	ZnO	FeO	CaO	SiO_2	S
1,86	0,25	3,3	2,8	16,7	30,8	18,1	21,5	1,5

Die Versuche wurden an aufeinanderfolgenden Tagen mit
Schlacken aus dem gleichen Schachtofen durchgeführt, um
bei weitgehend gleichen chemischen und physikalischen
Bedingungen die Möglichkeit vergleichender Aussagen zu
erhalten.

3.2.1. Ergebnisse

Da die Feststellung der in den Schlacken normalerweise
neben dem Wüstit vorliegenden Eisenverbindungen Hämatit
und Magnetit schwierig ist, wird der Gesamteisengehalt
im allgemeinen auf FeO bezogen angegeben. Wie ein Vergleich der Abb. 5 und 8 zeigt, lag in den Schlacken
aus der laufenden Produktion ein erheblich höherer Anteil des Eisens als tropfenförmiger und skelettartiger
Magnetit vor, der die Zähigkeit der Schlacken erhöht
und damit die Separation erschwert. Die in Abb. 8 dargestellten Schliffe wurden auf Bleischeiben poliert.
Das metallische Blei läßt sich dabei nicht polieren
und wird daher dunkel. Die Zähigkeiten der Schlacken
aus der laufenden Produktion erschienen verglichen mit
denen der wiederaufgeschmolzenen Haldenschlacken erheblich höher ("unwilligeres Fließen", Fadenziehen am Kübel-
ausfluß und an den Austrittsöffnungen in der Bodenplatte
der Zentrifuge), was neben dem höheren Magnetitgehalt mit

den niedrigeren Schlackentemperaturen (1080 zu 1200 °C) vor Versuchsbeginn zu erklären ist.

Mit Hilfe naßchemischer Phasenanalysen konnte der Gesamtbleiinhalt der Schlacken den verschiedenen Bleibindungsformen zugeordnet werden (Durchschnittswerte in Gew.-%):

Pb (Ges.)	Pb (Oxid)	Pb (Sulfid)	Pb (Metall)
1,85	0,83	0,10	0,92

Nur etwa die Hälfte des Gesamtbleiinhaltes lag also mechanisch eingeschlossen vor und war demnach auch nur durch die Zentrifuge abtrennbar. Die Menge der gelösten Metall- und Steinphasen war nicht feststellbar. Die Schleuderergebnisse in Tab. 5 und Abb. 9 lassen aber in Übereinstimmung mit dem Schrifttum [3,4] die Vermutung zu, daß der gelöste Bleianteil gering ist.

In Abb. 9 sind die Schleuderergebnisse auch in Abhängigkeit der Zentrifugenkennzahl Z dargestellt, da in dieser Darstellungsweise der zentrifugenspezifische Trommelradius eliminiert ist, und damit Vergleiche leichter möglich sind. Auf der Ordinate sind neben dem Gesamtbleigehalt die mechanischen und gelösten Anteile in einer 100 % Skala mit umgekehrter Richtung dargestellt. Da ja nicht alle, sondern eben nur die mechanisch eingeschlossenen Anteile abtrennbar sind, soll durch diese Skala unter Vernachlässigung der gelösten Bleianteile die Effizienz der Zentrifuge bei den verschiedenen Drehzahlen sichtbar gemacht werden. Die beiden gestrichelten Parallelen zur Abszisse geben diesen Bereich der mechanischen und gelösten Anteile an.

Wie zu erwarten, nimmt der Abtrennungseffekt mit steigender Drehzahl überproportional zu. In Übereinstimmung mit der quadratisch wachsenden Fliehkraftfeldstärke erhält man als Ergebnis eine liegende Parabel. Durch die Darstellung über die Zentrifugenkennzahl Z wird diese Parabel linearisiert, so daß sie nun angenähert als Gerade erscheint. Bei 1000 U/min oder 122-facher Erdbeschleunigung wurden 0,96 % Blei oder 94 % der nicht verschlackten Anteile separiert. Wenn man einmal von Ultrazentrifugen, die eine $1,5 \cdot 10^6$-fache Erdbeschleunigung erreichen und Separationen im molekularen Bereich gestatten, absieht, sind die gelösten Anteile mit Zentrifugen im technischen Maßstab nicht mehr abtrennbar.

Da unbekannt ist, welcher Teil der nicht abgetrennten 6 % gelöst vorlag, konnte auch nicht die Drehzahl bestimmt werden, bei der die mechanischen Anteile vollständig abzutrennen sind. Unter praktischem Aspekt ist diese Frage nicht zu stellen, da das Abtrennungsergebnis bei 1000 U/min als völlig ausreichend anzusehen ist.

Analysen der entmetallisierten Schlacken zeigten, daß sich abgesehen vom Blei die Gehalte der übrigen Schlackenbestandteile nicht geändert hatten. So konnten auch die vorliegenden Kupfergehalte durch das Zentrifugieren nicht vermindert werden. Aufgrund von Schliffen, die für die im folgenden noch zu besprechende statistische Auswertung durchgeführt wurden, kann zweifelsfrei gesagt werden, daß abtrennbare mechanisch eingeschlossene Kupferanteile in den Schlacken der laufenden Produktion nicht vorgelegen haben.

Spalte VI in Tab. 5 gibt den Bleigehalt der zentrifugierten Schlacke an. Die Minutenzahlen bezeichnen, von Versuchsbeginn an gerechnet, die Zeit der Probennahme. Die Ergebnisse zeigen, daß der Separationseffekt von der Versuchsdauer unabhängig ist.

Aus Spalte VII sind die rechnerisch und experimentell gefundenen Bleianreicherungen zu ersehen. Bei 400 U/min befand sich für den Austrag des Metall-Schlacke- Gemisches wie bei den Versuchen mit wiederaufgeschmolzenen Haldenschlacken eine Bohrung von 3 mm Durchmesser am äußeren Rand im Boden des Einsatzstückes. Wegen der vergleichbar hohen Zähigkeit und der niedrigen Temperatur der Schlacke aus der laufenden Produktion verstopfte diese Bohrung bei Versuchsbeginn, so daß kein separiertes Material anfiel. Bei den nächsten Versuchen wurden drei Bohrungen mit 4 mm Durchmesser verwendet, die dann ein ungestörtes Ausfließen des separierten Flüssigkeitsstromes gestatteten. Die experimentell gefundenen Anreicherungen sind mit den rechnerisch ermittelten vergleichbar, wobei letztere bei stationären Verhältnissen und gegebenen Austrittsbohrungen die maximal erreichbaren Werte darstellen. Eine darüber hinausgehende Anreicherung gelingt nur mit kleineren Austrittsöffnungen, so daß je nach vorliegender Schlacke herausgefunden werden muß, wann die jeweiligen Bohrungen im Anlaufvorgang gerade nicht mehr verstopfen.

Die bisher dargestellten Ergebnisse liefern ein summarisches Bild von der Effizienz der Zentrifuge. Über die absolut dargestellten Entmetallisierungen und Anreicherungen hinaus erlaubt eine statistische Auswertung einen genaueren und differenzierteren Einblick über die abgeschiedenen Bleitröpfchen und ihre sich mit den Drehzahlen ändernden Verteilungen. Damit wird eine noch bessere Beurteilung der Schleuderergebnisse möglich.

Die ausgewerteten Schliffe bestätigten die Angaben der naßchemischen Phasenanalysen, wonach Blei als Stein in nur solch geringem Maße vorlag, daß er praktisch keinen Einfluß auf die Schleuderergebnisse nahm. Aus diesem Grunde beschränkte sich die statistische Erfassung auf die als Metall vorliegenden Tröpfchen.

Die durch Auszählen der verschiedenen Schliffe ermittelten Summenhäufigkeiten sind in Abb. 10 dargestellt. Mit zunehmender Drehzahl verschieben sich die Häufigkeiten in den Bereich kleinerer Tröpfchendurchmesser, wobei die in mit 1000 U/min geschleuderten Schlacken größten vorgefundenen Durchmesser 50 µm betrugen. Die arithmetischen Mittelwerte, die die Verteilungen in ihrer Gesamtheit als Durchschnittswert repräsentieren, bestätigen diese Tendenz; auch sie werden mit zunehmenden Drehzahlen kleiner (Abb. 11).

Die Tatsache, daß vornehmlich die großen Metalltröpfchen abgeschieden werden, führt zu diesen Verschiebungen der Verteilungen und Mittelwerte. Natürlich wird auch eine Anzahl kleinerer Tröpfchen abgetrennt, wenn sie eine günstige Lage, d. h. einen kurzen Absetzweg, im ablaufenden Schlackenfilm haben.

Über die genannten Ergebnisse hinaus wurde mit den in der Statistik üblichen Testmethoden versucht, die gefundenen Bleitröpfchen einer der bekannten Verteilungen wie der Normalverteilung, der logarihmischen Normalverteilung oder der X^2-Verteilung zuzuordnen. Da dies nicht gelang, konnten auch keine weitergehenden Aussagen wie die über Sicherheiten und Vertrauensbereiche gemacht werden.

Während die angegebenen absoluten Größen der Tröpfchendurchmesser wegen der Untersuchungsmethode - die kugelförmigen Tröpfchen erscheinen in den Schliffen nur dann in ihrer wahren Größe, wenn sie genau in der Mitte geschnitten werden - Ansatzpunkte zur Kritik bieten, wird derqualitative Aussagewert von diesen Einflüssen nicht berührt. Aufgrund der großen Zahl von ausgezählten Tröpfchen ist die festgestellte Art der Verteilungen und die drehzahlabhängige Tendenz gesichert. Aber auch die quantitativen Angaben der Tröpfchendurchmesser sind natürlich nicht ohne Wert, da sie trotz vorgenannter Einflüsse die Größenordnung recht genau wiedergeben dürften. Darüber hinaus erlauben diese Angaben einen Vergleich mit den im Schrifttum bekannt gewordenen Werten, da auch diese unter den gleichen Schwierigkeiten ermittelt wurden.

3.3. Diskussion der Ergebnisse

Eine Bewertung der Untersuchungsergebnisse kann nur schwer durch Vergleich mit im Schrifttum bekannt gewordenen Ergebnissen vorgenommen werden. Zu unterschiedlich sind die verwendeten Schlacken, Schleudervorrichtungen und Untersuchungsmethoden. Entscheidendes Kriterium für die Beurteilung der Ergebnisse kann nur die jeweilig zentrifugierte Schlacke sein. Um die Wirksamkeit der Zentrifuge beurteilen zu können, sind neben den physikalischen und chemischen Gegebenheiten der Schlacken die möglichst genaue Kenntnis ihrer Metallgehalte von Wichtigkeit, sowohl was die Verteilung auf die verschiedenen Metallbindungsformen als auch speziell die Art der mechanisch eingeschlossenen Anteile (Verwachsungsformen, Größe und Art der Teilchen) angeht.

Während im Schrifttum verschiedentlich über diskontinuierlich arbeitende Kleinstschleudern berichtet wurde, mit deren Hilfe die Möglichkeit des Metallausbringens aus Schlacken im Fliehkraftfeld grundsätzlich gezeigt wurde, war der Schwerpunkt der vorliegenden Arbeit darauf gerichtet, durch die Entwicklung und Inbetriebnahme einer Zentrifuge, die Durchsätze im halbtechnischen Maßstab erlaubt, den Nachweis zu erbringen, daß die mechanisch eingeschlossenen Metallanteile aus Schlakken im kontinuierlichen Betrieb bei befriedigender Metallanreicherung abgeschieden werden können.

Die Untersuchungen haben bewiesen, daß dies mit der vorliegenden Zentrifuge gelingt. Beim Schleudern der im Lichtbogenofen wiederaufgeschmolzenen Haldenschlacken, aber auch beim Schleudern der Schlacken aus der laufenden Produktion, die aufgrund der Versuchsdurchführung den Schlacken im Schachtofen weitgehend entsprechen

dürften, konnten die mechanisch eingeschlossenen Anteile
bei Metallanreicherungen von über 20 % fast vollständig
kontinuierlich abgeschieden werden.

Diese auf der Metallseite erreichten "Konzentrate" mit
mehr als 20 % Pb sind unter dem Aspekt der technischen
Weiterverwendung als gut zu bezeichnen. Obwohl unter
wirtschaftlichem Aspekt schon Metallabtrennungen von
geringen Prozentsätzen lohnend sind, da die Kosten für
die Investition und den Betrieb der Apparatur verglichen mit dem Wert der wiedergewonnenen Metallanteile
vernachlässigbar klein sind, wird sich bei jeder Schlakke die Frage stellen, ob und inwieweit es mit zusätzlichen Maßnahmen gelingt, verschlackte Metallanteile in
abtrennbare Phasen zu überführen. Wegen der hohen Energiekosten für das Wiederaufschmelzen sollten solche Maßnahmen möglichst im schmelzflüssigen Zustand auf dem
Wege der Schlacken vom Ofen zur Schleuder durchgeführt
werden. Untersuchungen, die diese Frage positiv beantworten, könnten die Effizienz des Schleuderverfahrens
weiter steigern.

Mit Ausnahme des letzten Versuches konnten an der Konstruktion keine technischen Mängel festgestellt werden.
Beim letzten Versuch (Drehzahl 1000 U/min) verklemmte
sich die rotierende Trommel durch Ansatzbildung am Kegelstumpf, der die entmetallisierte Schlacke auffängt.
Die Kraftübertragung mit dem Keilriemen reichte nicht
aus, um die Ansätze im Betrieb abzuschlagen. Durch Beheizen des Kegelstumpfes könnte diese Ansatzbildung
vermindert werden. Darüber hinaus ist es vorstellbar,
den Kegelstumpf mit Hilfe eingebauter Schälmesser von
Zeit zu Zeit zu reinigen. Eine wirksamere Kraftübertragung z. B. durch Kettenantrieb erscheint auch angebracht.

Zusammenfassend kann zur Konstruktion festgestellt werden, daß beim Betrieb mit der rotierenden Trommel, sowohl was den ungestörten Schlackenzu- und -abfluß als

auch die mechanische Festigkeit und chemische Resistenz
des Einsatzstückes angeht, keine Schwierigkeiten auftraten. In den nicht vorgeheizten Ablaufvorrichtungen
für die separierten Flüssigkeitsströme können Ansatzbildungen, wie der letzte Versuch gezeigt hat, zu Betriebsstörungen führen. Dieser Mangel ist aber nicht
grundsätzlicher Natur. Alle Konstruktionsteile, auch
der Einsatzkörper, der durch die hohen Betriebstemperaturen und den starken chemischen Angriff besonders
belastet wurde, sowie die wassergekühlten, wärmeempfindlichen Maschinenelemente haben alle Versuche, ohne Schaden zu nehmen, überstanden und sind weiterhin voll
funktionsfähig geblieben.

4. Zusammenfassung

Für die Ausbringung der in Form mechanisch eingeschlossener Metallanteile vorliegenden Metallgehalte aus Endschlacken der schmelzmetallurgischen Hüttenprozesse
wurde eine hochhitzebeständige Zentrifuge entwickelt
und gebaut, die die Abtrennung der dispersen Metalltröpfchen im kontinuierlichen Betrieb bei genügender
Anreicherung auf der Metallseite gestattet.
Die Funktionsfähigkeit und mechanische Belastbarkeit
der Schleuder wurden durch Zentrifugieren wiederaufgeschmolzener Haldenschlacken sowie solcher aus der
laufenden Produktion überprüft. Die Untersuchungsergebnisse bestätigen die in das Schleuderverfahren gesetzten
Erwartungen. Mit einer Umdrehungszahl von 1000 U/min
gelang ein fast vollständiges Abscheiden der mechanisch
eingeschlossenen Metallanteile bei einer technisch
verwertbaren Metallanreicherung im abgetrennten "Konzentrat".

Die Investitions- und Betriebskosten für den Einsatz eines derartigen Schleuderverfahrens im technischen Maßstab sind verglichen mit dem Wert der ausbringbaren Metallgehalte gering.

Schrifttum

1) Winterhager, H. und R. Kammel — Forschungsberichte NRW Nr. 1753 (1966)

2) Ruddle, E.W. — Difficulties encountered in Smelting in the Lead Blast Furnace. Inst. of Mining and Metallurgy, London 1957

3) Wiese, W. — Erzmetall 16(1963), S. 386

4) Meyer, H.W. und Richardson, F.D. — Bull. Inst. Min. Met. 70(1962) S. 201

5) Richardson, F.D. u. T.C.M. Pillay — Bull. Inst. Min. Met. 605(1957), S. 309

6) Kvjatkovskij, A.N., Esin, O.A., Abdeev, M.A. u. O.A. Chan — Izvestija Akademii Nauk SSSR O.T.N. Metallurgija i Toplivo (1961)2, S. 43-48

7) Tafel, V. — Lehrbuch der Metallhüttenkunde, 2. Aufl., Bd. 1, 2 und 3, Leipzig, Hirzel-Verlag 1954

8) Rodjakin, V.V. — Cvet. Met. (1958)8, S. 21-24

9) Lipin, B.V. — Cvet. Met. (1957)9, S. 31-36

10) Rasin, G.A. und G.V. Chetagurov — Izvestija vyssich ucebuych zavedenij cvetnaja Metallurgija (1959)6, S. 112-120

11) Edwards, A.G. — Proc. Austr. Inst. Min. Metall. 154/155 (1949), S. 41

12) Oldright, G.L. und V. Miller — Trans. AIME 121(1936), S. 82

13) Manson, W. McA. und E.R. Segnit — Proc. Austr. Inst. Min. Met. (1956), 180, S. 119-147

14) Wiese, W. — Erzmetall 17(1964), S. 298

15) Evans, G.L. — Min. Mag. 88(1953), S. 9

16) Ruddle, R.W. — The Physical Chemistry of Copper Smelting. IMM, London, 1953, S. 64-107

17) Wiese, W. — Erzmetall 16(1963), S. 452

18) Vanjukov, A.V., Zaitsev, V.Ya., Kuzina, V.S. u. S.S. Thikonov — Cvet. Met. (1964)1, S. 21

19) Vanjukov, A.V., Bystrov, V.P., Zaitsev, V.Ya. u. I.A. Stroitelev — Cvet. Met. (1966)5, S. 51

20)	Utkin, N.J., Dergachev, N.M. und F.M. Ananev	Cvet. Met. (1966)1, S. 53
21)	Ruddle, R.W., Taylor u. A.P. Bates	IMM Trans. 75C(1966)1, S. 1
22)	Yannopoulos, J.C.	Can. Met. Quarterly 10(1971)4, S. 291-307
23)	Lange, A. und W. Lindenlaub	Bibliographie Nr. 342, Forschungsinstitut für NE-Metalle, Freiberg (1965)
24)	Lange, A. und W. Lindenlaub	Bergakademie Freiberg, 11, S. 399-407, Juli 1959
25)	Winterhager, H. und R. Kammel	Erzmetall 14(1961)7, S. 319-328
26)	Wiese, W. und F. Johannsen	Erzmetall (1958)11, S. 1
27)	Higgins, R. und T.J.B. Jones	IMM Trans., 72(1963), S. 825
28)	Toguri, J.M., N.J. Themelis und P.H. Jennings	Can. Met. Quarterly, 3(1964) S. 197
29)	Urbain, M.	Kobalt Nr. 23, 1964, S. 55 ff
30)	Kammel, R.	Kobalt Nr. 21, 1963, S. 176 ff
31)	Lange, A.	Erzmetall (1959)3, S. 18

Anhang

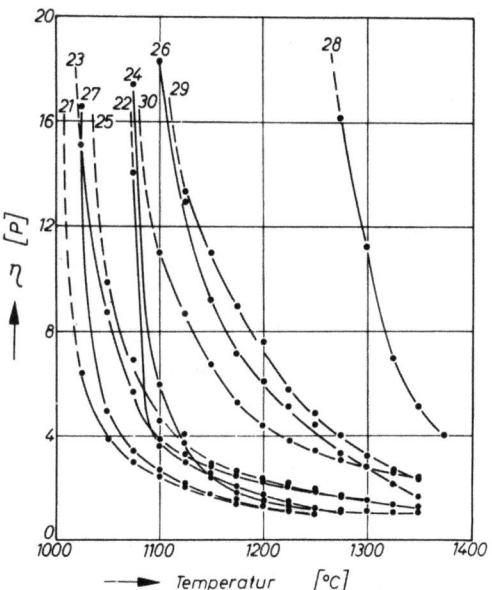

Abb.1 Viskositäts-Temperaturkurven von Bleischlacken
Entnommen [25)]

- 30 -

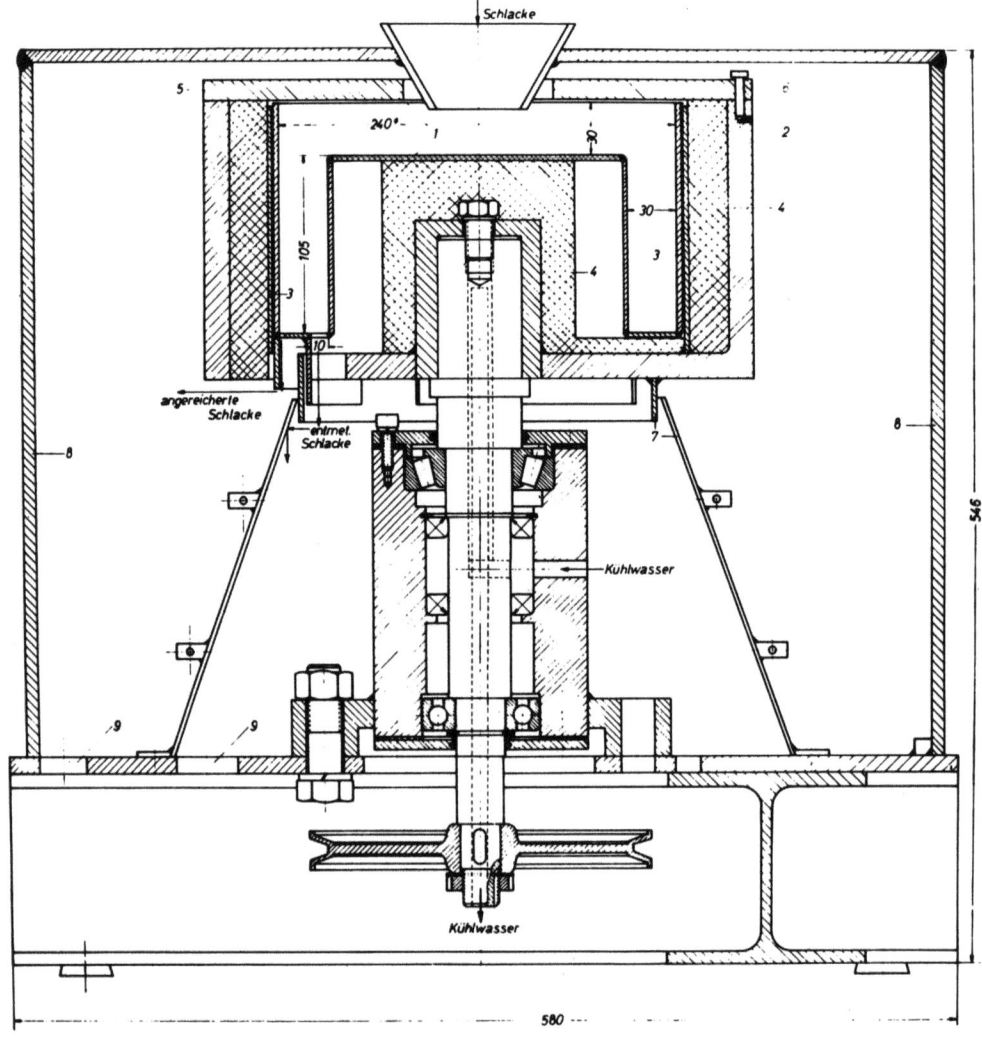

Abb.2   Die Konstruktion der Zentrifuge

Pos. 1   Einsatzkörper
Pos. 2   Tragende Rotationstrommel (Gußkörper)
Pos. 5   Deckel der Rotationstrommel
Pos. 7   Kegelstumpf zur Ableitung der entmetallisierten Schlacke
Pos. 8   Schutzhaube mit Einlauftrichter
Pos. 10 Schutz- und Kühlkasten
Pos. 11 Antriebsmotor

Abb. 3   Die Bauelemente der Zentrifuge

Abb.4   Versuchsvorbereitung

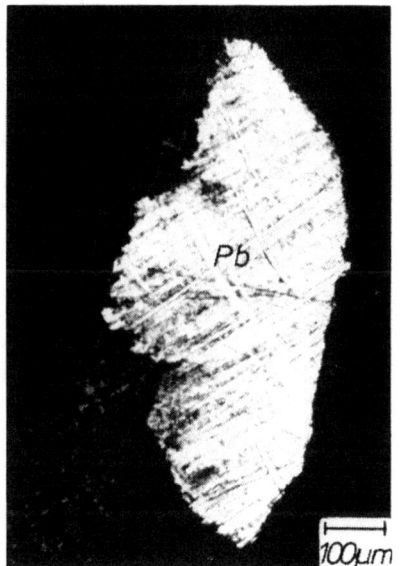 

Abb.5 Schlacke mit Bleigranulat vor dem Schleudern

Tab.2 Auszentrifugieren von Bleigranulaten				
Zentrifugenkennzahl Z	Drehzahl n U/min	Pb ungeschleudert, ohne Bleizugabe	Pb ungeschleudert, mit Bleizugabe	Pb nach Schleudern
		Gew.-%		
20	400	0,41 0,42	2,41 2,42	0,39 0,40
60	700	0,35 0,37	2,35 2,37	0,31 0,36
122	1000	0,36 0,37	2,36 2,37	0,32 0,31

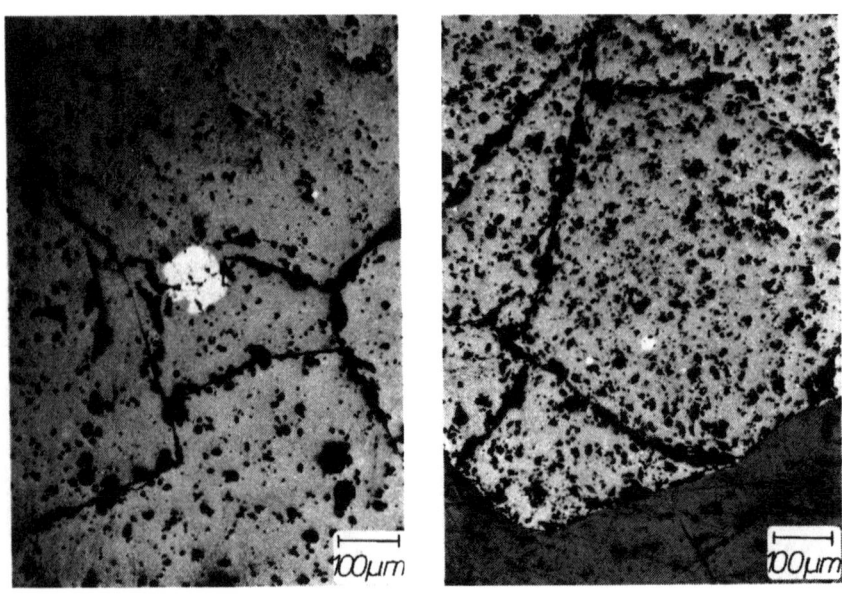

a)   b)

Abb.6   Schlacke mit Kupferstein vor dem Schleudern

Tab.3 Auszentrifugieren von Cu-Stein mit Teilchendurchmessern von 0,05 mm x 0,2 mm				
Zentrifugenkennzahl Z	Drehzahl n U/min	Cu ungeschleudert, ohne Cu-Zugabe	Cu ungeschleudert, mit Cu-Zugabe	Cu nach Schleudern
			Gew.-%	
20	400	0,41	1,33	0,50
60	700	0,35	1,27	0,34
122	1000	0,31	1,23	0,32

Tab. 4 Durchsatz auf der Metallseite			
Drehzahl n U/min	Durchmesser der Austrittsbohrung d mm	Durchsatz $Q_{rechn.}$	$Q_{exp.}$
		kg/s	
0	3	0,053	−
400	3	0,11	0,02
700	3	0,15	0,026
1000	3	0,1 94	0,031

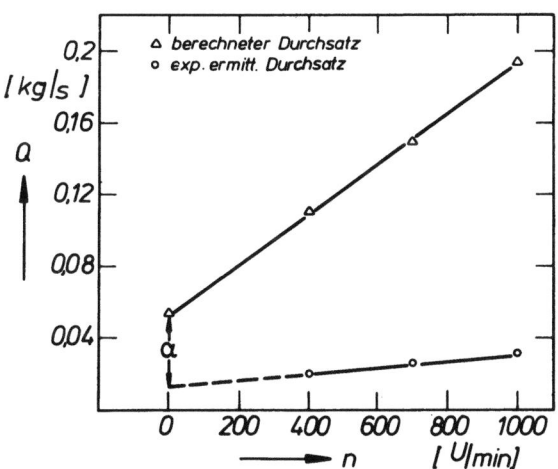

Abb.7 Durchsatz auf der Metallseite rechnerisch und experimentell

Inhaltsverzeichnis

		Seite
1.	Einführung	1
2.	Konstruktive Gestaltung der Zentrifuge	3
2.1.	Die physikalischen Daten des Trennvorganges	3
2.2.	Gesichtspunkte für die Werkstoffauswahl	4
2.3.	Gesichtspunkte zur konstruktiven Gestaltung	6
2.4.	Beschreibung der Konstruktion	7
3.	Praktischer Teil	9
3.1.	Versuche mit wiederaufgeschmolzener Haldenschlacke	9
3.1.1.	Ergebnisse	12
3.1.1.1.	Ausschleudern von Bleigranulaten	12
3.1.1.2.	Ausschleudern von Kupfersteinteilchen	13
3.2.	Versuche mit Schlacken aus der laufenden Produktion	17
3.2.1.	Ergebnisse	18
3.3.	Diskussion der Ergebnisse	23
4.	Zusammenfassung	25

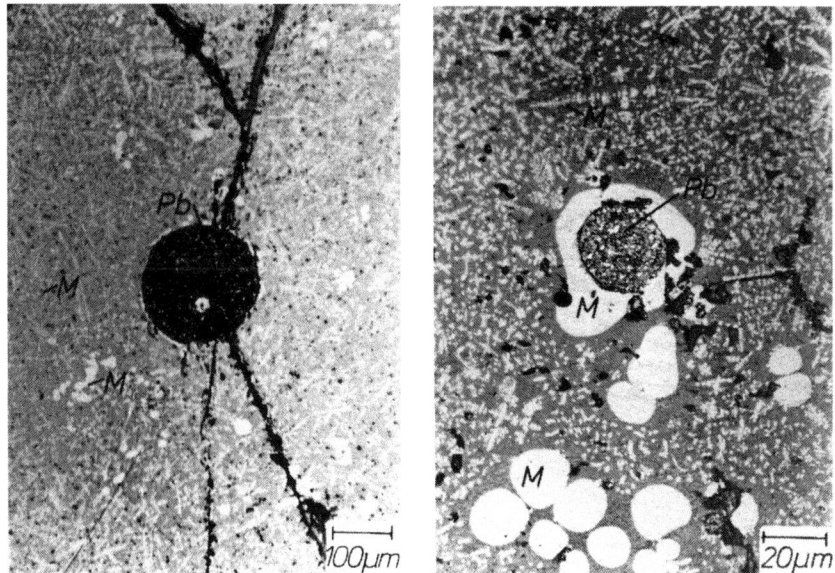

Abb.8 Bleitröpfchen in der Schlacke aus der laufenden Produktion

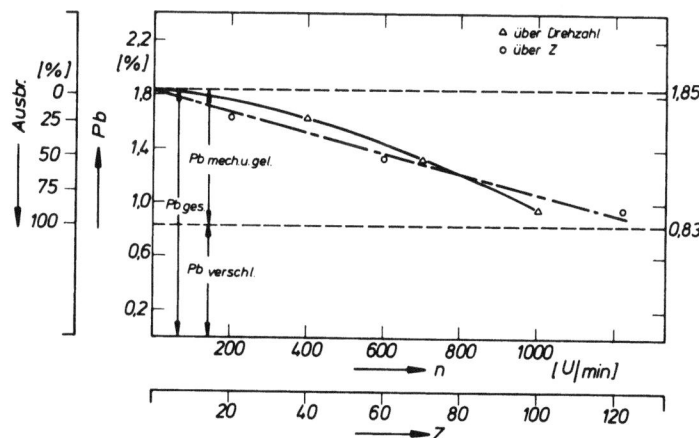

Abb.9 Abtrennung von mechanisch eingeschlossenen Bleianteilen aus Schlacken der laufenden Produktion

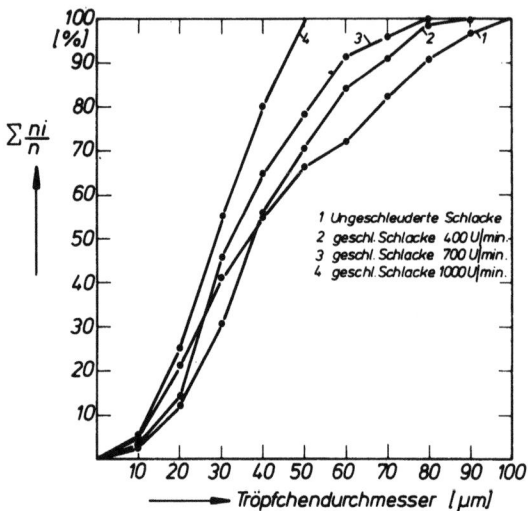

Abb. 10 Summenhäufigkeiten der Bleitröpfchen in Abhängigkeit von ihrem Durchmesser

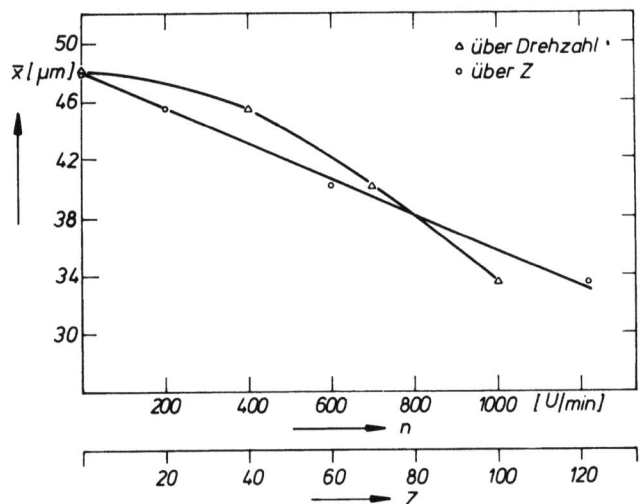

Abb. 11 Arithmetische Mittelwerte der Verteilungen in Abhängigkeit von der Drehzahl

Forschungsberichte des Landes Nordrhein-Westfalen

Herausgegeben im Auftrage des Ministerpräsidenten Heinz Kühn
vom Minister für Wissenschaft und Forschung Johannes Rau

Sachgruppenverzeichnis

Acetylen · Schweißtechnik
Acetylene · Welding gracitice
Acétylène · Technique du soudage
Acetileno · Técnica de la soldadura
Ацетилен и техника сварки

Arbeitswissenschaft
Labor science
Science du travail
Trabajo científico
Вопросы трудового процесса

Bau · Steine · Erden
Constructure · Construction material ·
Soilresearch
Construction · Matériaux de construction ·
Recherche souterraine
La construcción · Materiales de construcción ·
Reconocimiento del suelo
Строительство и строительные материалы

Bergbau
Mining
Exploitation des mines
Minería
Горное дело

Biologie
Biology
Biologie
Biologia
Биология

Chemie
Chemistry
Chimie
Quimica
Химия

Druck · Farbe · Papier · Photographie
Printing · Color · Paper · Photography
Imprimerie · Couleur · Papier · Photographie
Artes gráficas · Color · Papel · Fotografía
Типография · Краски · Бумага · Фотография

Eisenverarbeitende Industrie
Metal working industry
Industrie du fer
Industria del hierro
Металлообрабатывающая промышленность

Elektrotechnik · Optik
Electrotechnology · Optics
Electrotechnique · Optique
Electrotécnica · Optica
Электротехника и оптика

Energiewirtschaft
Power economy
Energie
Energía
Энергетическое хозяйство

Fahrzeugbau · Gasmotoren
Vehicle construction · Engines
Construction de véhicules · Moteurs
Construcción de vehículos · Motores
Производство транспортных средств

Fertigung
Fabrication
Fabrication
Fabricación
Производство

Funktechnik · Astronomie
Radio engineering · Astronomy
Radiotechnique · Astronomie
Radiotécnica · Astronomía
Радиотехника и астрономия

Gaswirtschaft
Gas economy
Gaz
Gas
Газовое хозяйство

Holzbearbeitung
Wood working
Travail du bois
Trabajo de la madera
Деревообработка

Hüttenwesen · Werkstoffkunde
Metallurgy · Materials research
Métallurgie · Matériaux
Metalurgia · Materiales
Металлургия и материаловедение

Kunststoffe
Plastics
Plastiques
Plásticos
Пластмассы

Luftfahrt · Flugwissenschaft
Aeronautics · Aviation
Aéronautique · Aviation
Aeronáutica · Aviación
Авиация

Luftreinhaltung
Air-cleaning
Purification de l'air
Purificación del aire
Очищение воздуха

Maschinenbau
Machinery
Construction mécanique
Construcción de máquinas
Машиностроительство

Mathematik
Mathematics
Mathématiques
Matemáticas
Математика

Medizin · Pharmakologie
Medicine · Pharmacology
Médecine · Pharmacologie
Medicina · Farmacología
Медицина и фармакология

NE-Metalle
Non-ferrous metal
Metal non ferreux
Metal no ferroso
Цветные металлы

Physik
Physics
Physique
Física
Физика

Rationalisierung
Rationalizing
Rationalisation
Racionalización
Рационализация

Schall · Ultraschall
Sound · Ultrasonics
Son · Ultra-son
Sonido · Ultrasónico
Звук и ультразвук

Schiffahrt
Navigation
Navigation
Navegación
Судоходство

Textilforschung
Textile research
Textiles
Textil
Вопросы текстильной промышленности

Turbinen
Turbines
Turbines
Turbinas
Турбины

Verkehr
Traffic
Trafic
Tráfico
Транспорт

Wirtschaftswissenschaften
Political economy
Economie politique
Ciencias económicas
Экономические науки

Einzelverzeichnis der Sachgruppen bitte anfordern

Westdeutscher Verlag · Opladen
567 Opladen/Rhld., Ophovener Straße 1–3, Postfach 1620

MIX
Papier aus verantwortungsvollen Quellen
Paper from responsible sources
FSC® C105338

If you have any concerns about our products,
you can contact us on
ProductSafety@springernature.com

In case Publisher is established outside the EU,
the EU authorized representative is:
**Springer Nature Customer Service Center GmbH
Europaplatz 3, 69115 Heidelberg, Germany**

Printed by Libri Plureos GmbH
in Hamburg, Germany